[illegible]

[illegible]

PETITES PALUDINIDÉES
A OPERCULE SPIRESCENT

SUIVIE

DE LA DESCRIPTION DU NOUVEAU GENRE

HORATIA

PAR

M. J.-R. BOURGUIGNAT

SECRÉTAIRE GÉNÉRAL
DE LA SOCIÉTÉ MALACOLOGIQUE DE FRANCE

PARIS
Mme Ve TREMBLAY
IMPRIMEUR DE LA SOCIÉTÉ MALACOLOGIQUE DE FRANCE
5, rue de l'Éperon.

JANVIER 1887

ÉTUDE

SUR LES NOMS GÉNÉRIQUES

DES

PETITES PALUDINIDÉES

A OPERCULE SPIRESCENT

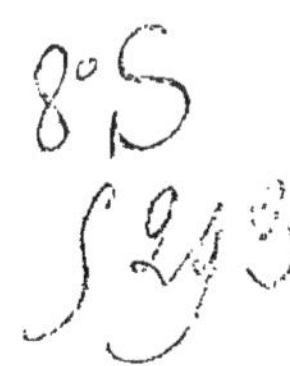

ÉTUDE

SUR LES NOMS GÉNÉRIQUES

DES

PETITES PALUDINIDÉES

A OPERCULE SPIRESCENT

SUIVIE

DE LA DESCRIPTION DU NOUVEAU GENRE

HORATIA

PAR

M. J.-R. BOURGUIGNAT

SECRÉTAIRE GÉNÉRAL

DE LA SOCIÉTÉ MALACOLOGIQUE DE FRANCE

PARIS

Mme Ve TREMBLAY

IMPRIMEUR DE LA SOCIÉTÉ MALACOLOGIQUE DE FRANCE

5, rue de l'Éperon.

JANVIER 1887

Dernièrement, en parcourant un des volumes (année 1878) du *Journal de conchyliologie*, je tombai par hasard (p. 133) sur un article relatif à *la synonymie du genre Hydrobia et des genres voisins.*

Cet article, œuvre d'un des directeurs de ce Journal, est d'une telle faiblesse scientifique, que le désir m'a pris de rétablir la vérité, en relevant les erreurs qui y sont contenues.

Dans ce but, j'ai étudié en conscience les travaux des malacologistes.

Je ne dirai pas comme l'auteur de cet article :

Que le genre *Hydrobia* a été établi *sans aucune diagnose*, lorsqu'il a été caractérisé par quatorze lignes diagnostiques ;

Que le genre *Littorinella* a été défini par Braun, en 1842, lorsque cela n'est pas ;

Que le genre *Amnicola* est seulement américain, lorsqu'il est également répandu dans les Deux Mondes ;

Que tous les malacologistes, Frauenfeld, Kreglinger, Paladilhe, etc., ont commis *une des plus exorbitantes méprises qu'on puisse signaler dans la nomenclature*, en adoptant le genre Paludinella.

Je ne finirais pas si je voulais énumérer ici toutes les erreurs de cet auteur, aussi faible anatomiste que mauvais spécificateur, malgré ses hautes prétentions à l'infaillibilité.

La question à résoudre est celle-ci :

Quels sont les *vrais* noms génériques que l'on doit attribuer aux différents genres de petites Paludinidées à opercule spirescent?

Cette question est intéressante, parce que, jusqu'à présent, on ne s'est pas rendu un compte exact de la validité de chacun des genres que je vais passer en revue.

HYDROBIA, (1821)

Le genre *Hydrobia* a été établi par Hartmann, de Saint-Gall, peintre-naturaliste et graveur sur cuivre, en 1821 : 1° Dans son *System der Erd-und Flussconchylien der Schweiz* (Neue Alpina, I, p. 258), et 2° dans son autre *System der Erd-und susswasser Gasteropoden Europa's*, formant la cinquième livraison du *Deutschlands Fauna* du Dr Jacob Sturm, publié à Nüremberg de 1803 à 1829.

Dans son premier Mémoire, Hartmann signale trois Espèces :

1° L'*Hydrobia acuta*, in Frankreich ;

2° L'*Hydrobia thermarum*, in den lauen Baden von Pisa. C'est cette même Espèce qui a été nommée par notre ami Issel (Moll. Pisa, p. 31, 1866) *Bythinia Saviana*, et, par une autre personne, en 1878, *Thermhydrobia thermalis* ;

3° L'*Hydrobia diaphana*, in Italien.

Dans son second Mémoire, publié presque en

même temps, Hartmann, après avoir consacré quatorze lignes (p. 47 et 48) aux caractères de sa nouvelle coupe générique, énumère les formes suivantes :

1° *Hydrobia acuta* (comme ci-dessus);
2° — *vitrea;*
3° — *minuta.*

Dans la pensée de l'auteur, ce genre comprenait les petites Paludinidées à *opercule spirescent* et à coquille allongée-pointue : *obeliskenförmig.*

Parmi les Espèces mentionnées, la première, l'*acuta*, est des eaux saumâtres; les autres sont fluviatiles. Celle des eaux saumâtres est franchement allongée-aiguë; celles des eaux douces (*thermarum*, *diaphana*, *vitrea* et *minuta*) sont de petites coquilles ovales ou oblongues appartenant (sauf les *vitrea* et *thermarum*, qui sont des Belgrandia) à la série générique désignée sous le nom de Bythinella.

L'*acuta*, seule, devrait donc conserver le nom d'Hydrobia (1).

(1) Dans son *fameux* Manuel de conchyliologie (p. 725), M. Fischer place en synonymie des Hydrobia : 1° le genre *Littorinella*, de Braun, 1842; genre qui n'a jamais été établi d'une manière scientifique, ainsi qu'on le verra aux pages suivantes; 2° les *Eupaludestrina, Thalassobia* et *Pseudopaludinella*, qui n'ont jamais été que des noms de sections (et non des appellations génériques) proposés par moi et cités par Mabille (Cat. Paludest., côtes de France, 1877), pour distinguer les différentes séries du genre Paludestrina; 3° le nom de *Peringia*, comme celui d'une section, tandis qu'il a été créé comme nom générique — IL N'EST GUÈRE POSSIBLE D'ACCUMULER EN QUELQUES LIGNES PLUS D'ERREURS ET DE MIEUX DÉNATURER LE SENS DES NOMS PROPOSÉS PAR LES AUTEURS.

Mais ce nom devient impossible, parce que Leach, en 1817 (Zool. Miscell.), a établi, sous la même appellation, un genre de Coléoptères pentamères de la famille des Palmicornes, tribu des Hydrophiliens.

LEACHIA (1826)

Risso (Hist. nat. Europe mérid., IV, 1826, p. 102) a proposé, sous le nom de *Leachia*, un genre qu'il caractérise ainsi :

« Testa tenuis, alte elevata; anfractibus tumidis, apicali mamillato; apertura ovata, ad dextram acuminata; sutura valde profunda; peritrema tenue, perfectum. »

Cet auteur mentionne 4 Espèces :
La *viridescens*, — fossés aquatiques;
La *cornea*, — eaux saumâtres;
La *vitrea*, — mares ;
Et la *lineolata*, — lieux humides.

La première, qui est une Bythinella (1), a été si mal figurée (pl. III, fig. 35, sous le nom de *viridis*), qu'elle ressemble plutôt à une Limnée qu'à une Paludinidée ;

(1) Dans mon *Étude synonymique* (page 65) *des Mollusques des Alpes-Maritimes publiés par Risso en* 1826 (1 vol. in-8, Paris, 1861) j'avais considéré cette Bythinella comme une Bythinia « *sur la valeur spécifique de laquelle nous n'avons pu former une opinion précise* », avais-je dit, parce qu'à cette époque, n'ayant pas étudié, comme je l'ai fait depuis, toutes les séries génériques des Paludinidées, je n'avais pas adopté le genre Bythinella, qui, du reste, n'avait encore été admis par aucun auteur.

La seconde et la troisième sont des Paludestrines ;

La quatrième est le *Pomatias patulus*.

Ce genre, si mal conçu, puisqu'il renferme des coquilles fluviales, marines et terrestres, ne peut être adopté, bien qu'il l'ait été à tort, dernièrement, par M. le marquis de Monterosato. (Nomenclatura gener. e specif. conch. medit., p. 69, 1884), attendu, qu'en 1821, Lesueur (in : Journ. acad. nat. Sc. Philadelphia, II, p. 89) a établi une division générique, sous cette même appellation de Leachia, pour des Céphalopodes du genre Loligopsis de Lamarck, 1812.

PALUDESTRINA (1839)

C'est en 1839, dans ses Mollusques de l'Amérique méridionale (p. 581), que le savant Alcide d'Orbigny a proposé cette coupe générique en ces termes :

« ..... Deux divisions deviennent indispensables chez les Paludines, si l'on attache, comme nous pensons qu'on doit le faire, une grande importance à la place des yeux et à la forme de l'opercule ; car il s'ensuit que les véritables Paludines, celles qui auraient pour type la *Paludina vivipara*, ont les yeux placés sur le tentacule même et sur un pédoncule ; l'opercule est composé de couches d'accroissement concentriques, à sommet subcentral ; tandis que d'autres Paludines ont, au contraire, les yeux à la base des tentacules, sans pédoncule, et l'opercule, constamment spiral, en tout pareil à celui des Littorines. Ces différences de caractères nous porte à diviser le genre en deux sous-genres : l'un, les Paludines, où viendront se ranger les *Paludina vivipara*, *fasciata* et *tentaculata*, etc.; l'autre, que nous nommons *Paludestrina*, dans lequel viennent se placer les *Paludina acuta*, sous le nom de *Paludestrina acuta*, et sans doute beaucoup d'Espèces de France, classées parmi les Paludines à opercule concentrique. »

Le genre *Paludestrina* a donc été établi spécialement pour l'*acuta*, Espèce des eaux saumâtres du sud de la France. Le fait est incontestable, puisque je viens de reproduire la pensée d'Alcide d'Orbigny.

Malgré que son Espèce type fût des eaux saumâtres, ce savant a admis dans sa coupe générique, sur 15 formes, 11 d'eau douce et 4 marines (1).

Or, lorsqu'on étudie les descriptions et qu'on examine les figures de ces Espèces, on reconnait : 1° que, sur les 11 d'eau douce, 7 (*piscium*, *Parchappi*, *australis*, *Charruana*, *Isabelleana*, *Cumingi* et *culminea* (2) sont des Espèces analogues à la Littoridina d'Eydoux et Souleyet ; 1 (*lapidum*) 1 Amnicola ; enfin 3 (*andecola*, *Petitiana* et *peristomata*) sont de genres incertains ; 2° que, sur les 4 marines, 2 (*fusca* et *semistriata*) sont des Assiminia, et les 2 dernières (*nigra* et *striata*) des Paludestrines de la série des Pseudopaludinella (Bourguignat, in : Mabille (3), 1877).

Comme on le voit, si d'Orbigny n'avait pas désigné l'*acuta* de France comme type de son genre, on demeurerait assez embarrassé avec toutes ses Espèces.

(1) L'auteur de l'article du Journal de conchyliologie dit 7 d'eau douce et 3 marines, soit 10 en tout.

(2) Stimpson (1865) a établi pour cette Espèce le genre Heleobia.

(3) Catalogue des Paludestrines des côtes de France.

Dans le tome II (p. 11) de son *Cours élémentaire de Paléontologie*, tome publié en 1852, ainsi que dans le deuxième volume paru en 1853 (p. 9) des *Mollusques de Cuba*, Alcide d'Orbigny continue à considérer les Paludestrines comme des Espèces fluviales ou marines, et il émet même l'opinion que toutes les petites Paludinidées des eaux salées doivent rentrer dans ce genre, ce qui est incontestablement erroné.

Sur les trois Espèces décrites et figurées dans les Mollusques de Cuba, deux (les *Auberiana* et *affinis*) sont réellement des Paludestrines de la série des *Thalassobia* (1). La dernière (*Candeana*) appartient à la série des petites Paludinidées épineuses, à laquelle on a donné ces années dernières un nouveau nom générique.

AMNICOLA (1840)

Ce genre a été établi par Stehman Haldeman en 1840 :

1° Sur la couverture de la première livraison (en date de juillet 1840) de la *Monograph on the fresh-water univalve Mollusca of the United-states*;

2° Dans un supplément à cette Monographie, supplément distribué gratuitement, en date d'octobre 1840 ;

3° Enfin, dans la neuvième livraison (1845), con-

(1) Bourg., in Mabille. Cat. Palud. côtes de France, 1877.

sacrée à la Monographie des Amnicola (24 pages avec 1 pl. gravée).

Sur la couverture de la première livraison, ce genre est ainsi défini :

« AMNICOLA, shell as in Paludina; head exposed, foot emarginate; inhabits running waters, under stones. »

Dans le supplément gratuit, ce même genre est simplement caractérisé par ces mots :

« Head probosciform : shell like Paludina, opercle corneous and subspiral. »

Dans la Monographie des Amnicoles, l'auteur donne les signes distinctifs suivants, qui, je dois le dire, ne sont pas tous exacts :

« Animal with the head probosciform, rostrum subbifid at the extremity, and extending beyond the foot; mouth a longitudinal slit upon the inferior surface : tentacles setaceous, of equal lenght : eyes at the posterior external base, not pedunculate : foot subovate or lengthened, truncate anteriorly, the angles capable of being turned outwards as in Valvata, but not to so great an extent; and it is incapable of the extension beyond the rostrum observable in Paludina.

« Shell short or lengthened conic, thin in texture, composed of from 4 to 7 convex whirls, separated by a distinct suture : aperture oblique, peritreme simple, detached, or but slightly connected with the body whirl, and usually by a very small portion of its circumference posteriorly; base usually perforate : operculum thin, corneous, composed of a few spiral volutions. »

Haldeman décrit ensuite 16 Espèces, sur lesquelles 11 sont représentées sur l'excellente planche qui accompagne cette Monographie. Sur ces 11 Espèces figurées, les *decisa*, *Cincinnatensis*, *limosa*, *pallida*, *porata* et *galbana* sont de vraies Amnicola; 4 autres me paraissent devoir rentrer dans la coupe générique des Paludinella ou, pour mieux dire, des Bythinella ; enfin une (fig. 13), l'*attenuata*, très allongée-conique, à tours nombreux et serrés, ressemble à une Paludestrina.

Ce genre, comme on le voit, a été assez mal caractérisé par Haldeman, qui y a compris des formes génériquement différentes.

Gould a mieux limité cette coupe générique en donnant, dans son ouvrage sur les Invertébrés du Massachusetts, en 1841 (1), la description et la représentation de l'Amnicola porata.

Cette *porata*, qui est considérée comme le type de ce genre, est une petite Espèce ombiliquée-globuleuse, à spire très obtuse. Ses tours, au nombre de cinq, sont convexes et séparés par une suture assez profonde. L'ouverture est presque ronde; l'opercule, bien figuré (pl. 35, fig. II^{A} de l'atlas du *Genera of recent mollusca* des frères H. et A. Adams), possède deux tours de spire, qui s'accroissent avec la plus grande rapidité.

Cette *porata* est presque identique, comme forme et comme aspect, aux *Amnicola perforata* et *Letourneuxiana*, dont j'ai donné la représentation

(1) Report on the invertebrata of Massachusetts, p. 229, fig. 157.

dans ma Malacologie de l'Algérie (1). L'opercule de la *porata* est également semblable à celui de nos Amnicoles du système européen. Il n'y a entre eux aucuns signes différentiels bien sensibles ; aussi ne puis-je comprendre Stimpson (2), qui attribue aux Amnicoles américaines un opercule à caractères particuliers. Cette assertion de Stimpson me semble bien extraordinaire, parce qu'il faudrait admettre que Gould, H. et A. Adams, Binney, etc., se sont grossièrement trompés dans leur description de cet opercule, ce qui n'est guère croyable.

Pour moi, qui possède des *porata* types, je dois avouer que je ne puis trouver entre cette forme américaine et celles de notre système de différences génériques. Je regarde donc la plupart de nos espèces classées jusqu'à ce jour dans ce genre comme de véritables Amnicoles, et je crois qu'il faut rejeter, comme nul et non avenu, ce nom de *Pseudamnicola*, proposé pour elles en 1878 (3).

PALUDINELLA (1841)

Il y a trois genres publiés sous le nom de Paludinella.

Le premier créé sous cette appellation, l'a été par

(1) Tome II, pl. XIV, fig. 49-60.
(2) On Hydrobiinæ, p. 13, 1865.
(3) Matér. f. malac. Italie, p. 48.

L. Pfeiffer, en 1841 (1), pour une petite coquille marine de la Sicile et du sud de l'Italie, l'*Helix littorinea* de Delle Chiaje. Kuster a donné dans la seconde édition de Chemnitz une monographie de ce genre (2). Cet auteur décrit trois Espèces : les *Paludinella littorina*, *fusca* et *atomus*. Les deux premières sont des pulmonés operculés du genre Assiminia ; la troisième, de forme discoïde, paraît être une Skenea.

Loven, en 1846 (3), a adopté ce genre ; seulement, il a eu le tort de l'adapter à deux Espèces (*ulvæ* et *baltica*) qui ne sont pas des operculés terrestres, mais des branchifères de la série des Peringia. Westerlund, en 1873, dans sa Faune malacologique des royaumes scandinaves (4), a suivi le même errement. Il a admis le nom de Paludinella, sous le titre sous-générique, pour la *baltica* de Nilsson, à laquelle il rapporte la *baltica* d'Hisinger, 1837 ; de Loven, 1846 ; la *stagnalis* de Menke, 1845 ; la *muriatica* de Boll, etc.

Le deuxième genre, établi sous cette même appellation, l'a été par Rossmässler *avant la publication* des Paludinella de L. Peiffer. Malheureusement, ce genre a passé inaperçu, et n'a été connu qu'en 1850 par Schmidt et par une note de L. Pfeiffer (5).

(1) In : Wiegm. arch. I, p. 227.
(2) Die Gatt. Truncatella und Paludinella, 1855.
(3) Index Moll. littora Scandinaviæ occidentalia habitantium, p. 25.
(4) Fauna Moll. terr. fluv. Succiæ, Norvegiæ et Daniæ, p. 11.
(5) In : Zeitschr. fur malak., p. 116, août 1850.

Cette coupe générique était établie juste pour les *Paludinella viridis, brevis, Ferussina, bulimoidea diaphana*, etc.; enfin, pour les mêmes petites Espèces que les auteurs de nos jours regardent encore comme de vraies Paludinella.

A. Schmidt, dans son Mémoire sur les Paludina, Bythinia et Paludinella (1), qu'il regarde comme très distinctes les unes des autres, raconte qu'il sait pertinemment que le genre Paludinella a été établi, autrefois, par le professeur Rossmässler, et que ce savant instruisit son ami Ferdinand-Joseph Schmidt, de Schisckha, de l'établissement de sa nouvelle coupe générique. Aussi, ajoute A. Schmidt, le professeur Rossmässler peut revendiquer le nom de ce genre. « Weshalb dieser Gattungsname ihm zu vindiciren sein wird. »

A ce sujet, le Dr L. Peiffer avoue que Rossmässler lui envoya, en octobre 1846, en même temps que les descriptions des *Helix arietina, Dehnei* et *Planorbis legatorum*, des observations *imprimées*. « Je lui fis remarquer, dit L. Peiffer, que j'avais publié, en 1841, un genre sous le nom de Paludinella. Il me pria alors de remettre la publication à une autre époque, ce à quoi je consentis volontiers, pensant que le nom d'Hydrobia d'Hartmann pouvait suffisamment remplacer celui de Paludinella de Rossmässler. »

Voici la diagnose de ce genre :

(1) Malak. Mittheilungen, in : Zeitsch. f. Malak., p. 116.

« PALUDINELLA. Nov. gen. — Turbinis et Helicis spec. L. et veter. auctor.; Cyclostomatis spec. Drap; Paludinæ spec. Lam. et alior. auctor. recentior.

« Testa subimperforata, parva, oblonga vel conica vel cylindrica ; apertura ovata ; operculo spirato, membranaceo.

« Animal inquirendum! (tentaculis setaceis?) linea longitudinali nigricante, punctis subtilissimis obsitis, apice macula albida, oculis aterrimis.

« Pal. viridis, brevis, vitrea, Ferussina, gibba, marginata, bicarinata, bulimoidea, diaphana, acuta aliæque, quum apud Paludinas veras manere minime possint neque valvatis congeneres esse videantur, proprio genere comprehendendæ sunt, cui nomen et originem et specierum exilitatem monstrans dedit(1). »

Sur les 10 Espèces mentionnées par *Rossmässler*, 5 (*viridis*, *brevis*, *Ferussina*, *bulimoidea*, *diaphana*) sont des Paludinelles telles que les auteurs modernes les admettent; 3 (*vitrea*, *gibba* et *marginata*) sont des Belgrandia; enfin, les 2 dernières sont, l'une (*bicarinata*), une Pyrgula, et l'autre (*acuta*), une Paludestrina.

En somme, le nombre des Paludinelles véritables l'emporte sur celui des autres formes, qui se répartissent dans trois coupes génériques distinctes.

Maintenant, doit-on et peut-on rendre à Rossmässler l'antériorité de ce genre, comme l'affirme A. Schmidt? Je ne le pense pas. Ce genre, qui malheureusement n'a pas été publié en temps opportun, est primé par celui de Pfeiffer, bien que ce dernier genre n'ait aucune valeur, puisqu'il fait double em-

(1) Extrait d'un travail manuscrit sur la « Fauna Molluscorum extramarinorum Europæ », du prof. Rossmässler.

ploi avec celui des Assiminia, qui date de 1840 (Gray, in : Turton, man., p. 85), quoique Leach l'ait établi en 1816.

Néanmoins, on doit comprendre à présent pour quel motif les auteurs étrangers, tels que Schmidt, Gallenstein, Hauffen, Kreglinger, Frauenfeld, etc., qui étaient au courant de ce fait, ont tenu à adopter le genre Rossmässlerien.

Ce n'est donc pas par suite d'*une des plus exorbitantes méprises qu'on puisse signaler*, comme le dit l'aimable directeur du Journal de conchyliologie (1), que les malacologistes ont admis ce terme générique.

Enfin, le troisième genre Paludinella a été formé par Lowe, en 1852 (2), comme coupe sous-générique, pour de petits Pupas voisins de l'*edentula* de Draparnaud, les *Pupa limnæana* et *microspora*, de Madère. Comme cette appellation s'applique à des formes terrestres complètement différentes des Paludinidæ, je ne m'y arrête pas.

LITTORINELLA (1842)

Dans le Mémoire du professeur Alexandre Braun, de Carlsruhe, Mémoire publié en la livraison de sep-

(1) 1878, p. 135.

(2) Brief diagnost. notic. of new Madeiran land shells, in : Ann. mag. of nat. Hist. IX, 1852. p. 275.

tembre 1842 des *Amtlicher Berich*, etc... (1), on découvre, de la page 142 à 150, sous le titre de *Vergleichunde*, etc. (2), c'est-à-dire d'*Étude comparée de la faune diluviale des Mollusques vivants de la vallée du Rhin, avec celle des fossiles des terrains tertiaires de Mayence*, le nom de Littorinella cité trois fois.

1° Page 148 :

« So kommen z. B. am Sommerberg bei Alzei 1 Limneus, 1 planorbis und einige kleine Litorinellen neben Cerithium plicatum. » (On trouve, par exemple, à Sommerberg, près d'Alzei, une Limnée, un Planorbe et quelques petites Litorinelles, à côté du Cerithium plicatum.)

2° Page 148, au bas de la page :

« Die fünf anderen Kommen in sudlicheren gegenden vor : *Pupa bigramata* (3) und *cryptodonta* (unidentata, v. Charp.) in der sudlichen Schweiz, *Clausilia exarata* in Dalmatien, *Litorinella acuta* und *intermedia* an den sudeuropäischen Meereskusten. » (Les cinq autres se trouvent dans des contrées plus méridionales, comme les Pupa bigranata et cryptodonta (unidentata de Charpentier) dans le midi de la Suisse, la clausilia exarata en Dalmatie et les Litorinella acuta et intermedia dans les mers du sud de l'Europe.)

Enfin 3°, page 150, le nom de Litorinella est en-

(1) Amtlicher Berich über swanzigste versammlung der gesellschaft deutscher naturforscher und aerzte zu Mainz.

(2) Vergleichende zusammenstellung der lebenden und diluvialen Molluskenfauna des Rheinthals mit der tertiären des Mainzer Beckens.

(3) Pro bigranata.

core mentionné pour la dernière fois dans une phrase dont voici la traduction :

« Cette étude est basée sur la comparaison rigoureuse des Mollusques des vallées du Rhin et du Neckar, ainsi que sur celle des coquilles tertiaires du bassin de Mayence, avec l'indication exacte du nombre d'exemplaires trouvés, afin que l'on puisse juger de l'abondance relative des Helix, Bulimus, Pupa, Vertigo, Carychium, Litorinella, etc... »

Eh bien ! en conscience, y a-t-il réellement création générique parce qu'un nom nouveau se trouve cité trois fois, sans aucunes phrases diagnostiques ?

On sait seulement que cette appellation de Litorinella (mieux Littorinella, avec deux T, diminutif de Littorina) s'applique à l'*acuta* de Draparnaud, coquille des eaux saumâtres de la Méditerranée.

Ce qui n'a pas empêché, trois ans après, en 1845, Thomæ de prétendre qu'Alexandre Braun avait créé un genre.

Thomæ, en effet, dans son Mémoire descriptif des fossiles tertiaires des environs de Hochheim et de Wiesbaden (1), dit que Braun a établi le nouveau genre Litorinella pour les petites Paludines à opercule spirescent.

« Herr Alex. Braun schlägt vor, die Paludinen mit spiraligem Deckel als besondere Gattung von den eigentlichen Paludinen

(1) Fossile Conchylien aus den tertiarschichten bei Hochheim und Wiesbaden, etc. (Extrait du Jahrb. des Vereins fur naturkunde im Herzogthume Nassau. II, 1845, p. 159, et non pas 125 [d'après le Journ. de conch., p. 155].)

mit concentrichem Deckel zu unterschreiben und bezeichne erstere mit dem gutgewählten namen Litorinella, etc. »

Et cet auteur cite, sous l'appellation de Litorinella, une Espèce nouvelle, l'*amplificata* et l'*acuta* de Draparnaud, à laquelle il rapporte, à *tort*, en synonymie, la *Paludina acuta* de Deshayes (1) et le *Bulimus pusillus* de Brongniart (2).

En résumé, le genre Littorinella, en admettant qu'il y ait création générique, ce qui est plus que contestable, est nul, puisqu'il s'applique à l'*acuta* de Draparnaud, pour laquelle d'Orbigny avait créé, dès 1839, son genre Paludestrina.

BYTHINELLA (1851)

Cette coupe générique a été proposée, comme sous-genre, en ces termes, par Moquin-Tandon (3) :

« ..... Si l'on attachait de l'importance à l'organisation de l'opercule, il faudrait diviser les Bithinies en deux genres, celles dont l'opercule, à stries concentriques, offre un nucléus à peu près central (*B. tentaculata*), et celles dont l'opercule, à stries spirales, présente un noyau tout à fait excentrique (*B. viridis*). Cette séparation ne serait pas confirmée par l'anatomie des animaux. Je pense que le caractère tiré des opercules ne doit servir qu'à

(1) Coq. foss. Paris, II. p. 134, pl. XVI, fig. 3-4.

(2) In : Ann. Mus. 15, pl. XXIII, fig. 3.

(3) In : Journ. concl. 1851. p. 235, dans une note au bas de la page.

grouper les Bithinies en deux sections : les vraies Bithinies (*B. tentaculata*) et les Bithinelles (*B. viridis*).

Dans son Histoire des Mollusques de France (II, p. 515, 1855), ce même auteur divise les Bythinia, qu'il écrit avec un *y* pour se conformer à l'étymologie (1), en deux séries : en *elona* pour les *Bythinia Leachi* et *tentaculata*, et en *Bythinella* pour les petites Espèces.

Ces Espèces, au nombre de 10, toutes fluviatiles, peuvent se répartir ainsi : 6 (*viridis*, *brevis*, *conoidea*, *Ferussina* et *abbreviata*) sont de vraies Bythinella; 3 (*gibba*, *vitrea* [pars] et *marginata*) sont des Belgrandia ; une (*bicarinata*), une Pyrgula; enfin, la dernière (*similis*), une Amnicola.

En résumé, la *viridis*, et les autres petites Espèces qui lui sont voisines, doivent s'appeler Bythinella (2).

(1) De βυθὶοσ,α,ον, qui vit au fond de l'eau, et non pas de *Bithinia*, nom géographique, comme l'a dit si savamment M. Fischer (p. 725 et 731) dans son *fameux* Manuel de conchyliologie.

(2) Dans son *fameux* Manuel de conchyliologie, M. Fischer a cru faire œuvre de haut savoir en confondant, parmi les Bythinella : les *Marcsia*, *Belgrandia*, *Lartetiâ*, *Bythiospeum*, etc..., sans oublier les *Paladilhia*, *Lhotelleria*, *Moitessieria*, etc., qui en sont si distinctes.

LITTORIDINA [1] (1852)

Eydoux et Souleyet, dans leur excellente *Zoologie du voyage autour du monde*, etc..., *sur la corvette* « la Bonite », ont publié (II, p. 563, 1852) un nouveau genre pour de petits Mollusques pectinibranches, à « coquille *ovale-conique*, mince, à tours convexes, recouverte d'un épiderme verdâtre et quelquefois d'un enduit noirâtre, et dont l'ouverture ovale-arrondie, anguleuse au sommet, a des bords simples et réunis. »

Les Littoridines ont les yeux placés tout à fait à la base des tentacules.

D'après les savants Eydoux et Souleyet, les Littoridines vivent sur les bords des eaux douces ou saumâtres, à la manière des Littorines; de là leur nom.

La seule Espèce décrite (*Littoridina Gaudichaudi*), est une petite forme (haut. 5, diam. 3 millim.) qui vit dans les eaux douces de la rivière de Quayaquil (Amérique méridionale). Sa spire conique est composée de six tours; les supérieurs sont peu convexes; l'inférieur, au contraire, est ventru.

Lorsqu'on se reporte à la planche 31 du magnifique atlas de *la Bonite*, on reconnaît, sous les figures 31-33, une petite Paludinidée complètement semblable, comme forme et comme aspect, aux Es-

(1) Ce nom est estropié en celui de Littor*inida*, dans le *fameux* Manuel de conchyliologie (p. 730) de M. Fischer.

pèces européennes *d'eau douce* connues sous le nom d'Hydrobia.

Je crois donc que cette appellation de Littoridina pourrait être appliquée aux petites Espèces fluviales à *spire conique* et pourrait remplacer celle d'Hydrobia, s'il était possible d'établir une ligne de démarcation entre les Espèces d'eau douce et les Espèces marines. Malheureusement, après une étude approfondie, à laquelle je viens de me livrer, je n'ai pas pu parvenir à limiter le genre Littoridina.

Puisque le nom d'Hydrobia est inadmissible pour cause de double emploi, et que celui de Littoridina s'applique à des formes fluviales offrant des caractères semblables à ceux des Paludestrina, il convient de considérer toutes les Espèces *obeliskenförmig*, soit des eaux douces, soit des eaux saumâtres, comme des Paludestrina.

MICRONA (1852)

Ce nom générique, proposé par Ziégler pour une Paludinidée, la *Microna microscopica*, n'a pas, que je sache, été établi d'une façon vraiment scientifique. C'est un nom de la collection impériale de Vienne, nom mentionné par MM. Frauenfeld et Kreglinger. Ces auteurs considèrent cette *Microna microscopica* comme une forme exiguë de la *Paludina Parreyssi* de L. Pfeiffer, 1841.

Or, comme cette Paludina est, à mon sens, une forme de cette série générique nommée Paludinella (non Pfeiffer), série générique qui doit prendre dorénavant le nom de Bythinella, il faut donc rapporter synonymiquement à ce genre l'appellation de Microna.

Pendant dix-sept ans, de 1852 à 1869, on ne constate, pour les Paludinidées européennes à opercule spirescent, aucune nouvelle coupe générique, sauf pour celles d'Amérique (1), dont je n'ai pas à m'occuper ici. Mais, à partir de 1869, on trouve un grand nombre de nouvelles dénominations.

BELGRANDIA (1869)

Ce genre a été établi par moi (2) pour de très petites Paludinidées caractérisées par une ou plusieurs gibbosités *creuses à l'intérieur*, disposées dans le sens des stries d'accroissement sur le dernier tour de spire. Ces gonflements ou boursouflures apparaissent à *l'extérieur* sous la forme de petites saillies oblongues ou subarrondies, occupant ordinairement toute la hauteur du tour. Ces saillies n'ont aucun rapport avec ces épaississements gibbeux résultant

(1) Ces coupes génériques, au nombre de 7, sont : LIOPLAX, Troschel, 1857; — POMATIOPSIS, Tryon, 1862; — SOMATOGYRUS, Gill, 1863; — TRYONIA, COCHLIOPA, GILLIA et FLUMINICOLA, Stimpson, 1865. (Pour les caractères de tous ces genres, consulter la savante] faune malacologique de M. W.-G. Binney [land and fresh-water shells of north America], publiée sous les auspices de l'Institution Smithsonian).

(2) Cat. Moll. terr. fluv. env. de Paris à l'époque quat., p. 13 et suiv. In *Belgrand*, le Bassin parisien aux âges préhist., 1869.

d'un temps d'arrêt dans la croissance des coquilles. Les saillies *Belgrandiennes*, dont on ne connaît ni la cause ni le but, sont analogues à celles qui caractérisent les genres Varigera et Pterodonta.

Cette coupe générique, adoptée presque par tous les malacologistes, comprend environ 40 Espèces, sur lesquelles 11 fossiles.

Les Espèces fossiles, toutes des époques pliocène ou quaternaire, sont : Belgrandia *phoxia* (Hydrobia phoxia, Bourg., 1861), du sud de la province d'Oran ; c'est la plus grande Espèce de ce genre. Belg. *germanica* Clessin, 1878, de la Thuringe ; Belg. *prototypica* Brusina, 1881, de Toscane, ainsi que la Belg. *acuta* de Stefani, 1881 ; puis les Belg. *Joinvillensis*, *Desnoyersi*, *Lartetiana*, *archæa*, *Deshayesiana*, *Edwardsiana* et *Dumesniliana* (Bourg., 1869). Ces 7 dernières Espèces, très distinctes les unes des autres, ont été découvertes dans les sablières des environs de Paris. Je ferai remarquer que les Belgrandies, qui étaient autrefois (phase trizoïque) abondantes dans les eaux du bassin de la Seine, se sont perpétuées dans ce même bassin, où elles sont au nombre de 5 Espèces.

Les Belgrandies *vivantes* habitent dans les sources et les ruisseaux aux eaux claires et limpides. On en a constaté en Algérie, en Portugal, en Italie, en Dalmatie et dans une grande partie de la France, notamment dans sa région méridionale. Je n'en connais pas dans l'Europe centrale et dans les contrées orientales ou septentrionales.

Les Espèces de ce genre peuvent, d'après leur forme, se répartir en deux séries.

1° En Espèces conico-ovoïdes ou ovalaires, à spire peu allongée, telles que les Belg. *Simoniana*, Paladilhe, 1870 (Bythinia marginata, var. Simoniana, Moq.-Tand., 1855), des Pyrénées; — Belg. *Guranensis*, Paladilhe, 1870, des Pyrénées; — Belg. *gibba*, Paladilhe, 1869 (Cyclostoma gibbum, Drap., 1815), du sud de la France; — Belg. *varica*, Paladilhe, 1869 (Paludina varica, Paget, 1854), des Alpes-Maritimes; — Belg. *Moitessieri*, Paladilhe, 1869 (Hydrobia Moitessieri, Bourg., 1866), du sud de la France; — Belg. *gibberula*, Paladilhe, 1869, du sud de la France; — Belg. *Bourguignati*, Saint-Simon, 1869, du sud de la France; — Belg. *Letourneuxi*, Bourguignat, 1869, de l'Algérie; — Belg. *lusitanica*, Paladilhe, 1869 (Belg. occidentalis, Clessin, 1878), du Portugal; — Belg. *pleurocyphia*, Bourguignat, 1879, de Dalmatie; — Belg. *Bigorriensis*, Paladilhe, 1869, des Pyrénées; — Belg. *marginata*, Paladilhe, 1870 (Paludina marginata, Michaud, 1831), de Provence et du Roussillon; — Belg. *thermalis* (Hydrobia thermarum, Hartmann, 1821; Bythinia Saviniana, Issel, 1876), d'Italie; — Belg. *Bonelliana*, de Stefani, 1878, d'Italie, ainsi que les Belg. *Delpretiana*, *Targioniana*, *controversa*. etc...

2° En Espèces cylindroïdes, à spire assez allongée et à sommet plus ou moins obtus, telles que la Belg. *vitrea*, Paladilhe, 1870 (Cyclostoma vitreum, Drap., 1805), du Rhône, et les Belg. *sequanica*, *lanceolata*, *cylindracea*, *tricassina* et *riparia*, Bourguignat, 1870, de la Haute-Seine.

Je ferai remarquer que les Espèces de la deuxième série sont plus septentrionales que celles de la première.

PERINGIA (1874)

Cette coupe générique a été créée par le Dr Paladilhe (1) pour les Espèces paludestriniennes de *forme assiminienne*, dont la coquille *conoïde, obscurément anguleuse, solide, relativement épaisse*, est caractérisée par des tours *presque plats*, séparés par une *suture linéaire* et par une ouverture *légèrement auriculée à la base columellaire.*

A l'exception des *Peringia gallica*, *Helvetica*, *Letourneuxi*, ***Hispanica***, *paradoxa*, *solitaria* et *admirabilis* (2), constatées dans les eaux de l'intérieur des terres, toutes les autres Espèces sont marines et vivent sur le bord des côtes ou à l'embouchure des rivières.

Dans un travail récent (3) (p. 69), M. le marquis de Monterosato s'est trompé en adoptant, à la place du nom de Peringia, celui de Leachia de Risso, nom inadmissible, d'après les règles, pour cause de double

(1) Monog. n. g. Peringia. In Ann. Sc. nat Paris, sept, 1874.

(2) Consulter à ce sujet : Letourn. et Bourg. Malac. Tunis, p. 154. (1 vol in-8, Paris, 1885.)

(3) Nomenclatura gener. e specif. di alc. conch. Méditerranée. Palermo, in-8, 1844.

emploi, et en regardant comme type de ce genre la *Leachia viridescens* de Risso, et en lui donnant pour synonymie la *Paludina Salinasii* de Calcara et Aradas.

La *Leachia viridescens* de Risso ne possède point les caractères péringiens. C'est une *forme limnoïde* à tours *bombés* non plats, à suture *profonde* non superficielle, au dernier tour *moins gros* que l'avant-dernier, etc. Parmi les Paludinidées, je ne vois que la *Bythinella limnopsis* (1) de Tunisie qui puisse lui être comparée.

Quant à la *Paludina Salinasii* (2) de Catane, qui est une Paludestrine et qu'il ne faut pas confondre avec cette autre *Paludina Salinesii* (3) de Palerme, qui est une Amnicole, elle n'a aucun rapport avec la *Leachia viridescens*, comme l'on peut s'en convaincre aisément par la comparaison des figures.

MARESIA (1877)

Les Marésies, genre établi par moi en 1877 (4), sont de très petites Paludinidées de forme *ovoïde-*

(1) Let. et Bourg. Malac. Tunis, p. 149, 1885.

(2) Calcara et Aradas, Monogr. Thracia e Clavag., p. 15, 1843; — Aradas e Maggiore, Cat. conch. Sic., p. 184, 1843; — Calcara, Moll. dint Palermo, append., p. 44, fig. 17, 1844, etc...

(3) Philippi, in Zeitschr. f. Malak., 1844, p. 107, et in Abbildung. II, 5, p. 137, n° 11, Palud. pl. II, fig. 11, 1844, et Kuster, Palud, Gatt., p. 64, pl. XII, fig. 1-3, 1851, etc.

(4) Classificat. Moll. syst. europ., p. 41.

allongée, à sommet *obtus*, *fortement contractées d'arrière en avant à leur partie inférieure*, de telle sorte que la *base du dernier tour se porte en avant et dépasse sensiblement le bord supérieur de l'ouverture*. Le dernier tour, qui est *ascendant* et *détaché à l'insertion*, offre, en outre, autour de l'ouverture, un *renflement péristomal* assez semblable à celui des Acme.

La contraction et la projection en avant de la base du dernier tour, qui rendent *courbe* l'axe columellaire, donnent aux Espèces de ce genre une apparence *très convexe* en arrière.

Les Marésies vivent dans les sources de l'Algérie, de la Dalmatie et de la Grèce. Parmi elles, je mentionnerai les *Mar. dolichia* et *esichia* d'Algérie, et les *Mar. haustans* et *chilodia* de Dalmatie.

VITRELLA (1877)

M. Clessin (1) a mis en avant ce nouveau nom générique dans le but de distinguer de très petites Paludinidées *aveugles*, à coquille *vitrinoïde*, vivant dans les *eaux souterraines* de la Bavière et du Wurtemberg : les *Vitrella Purkhaueri*, *Quenstedti*, *acicula*, *turrita* et *pellucida*.

Ce nom ne peut être adopté, parce qu'il fait double emploi avec celui de *Vitrella*, créé par Swainson (2) en 1840 pour une Espèce de Bulla.

(1) Deutsch. excurs. Moll. Fauna (3e livr., 1877), p. 334.
(2) Treatise on Malac., p. 360.

Les Vitrelles doivent être comprises dans le genre Bythiospeum.

TRACHYSMA (1878)

La seule Espèce connue de ce genre est bien la plus microscopique coquille que je connaisse. Elle n'atteint pas, en hauteur et en diamètre, le quart de 1 millimètre : elle ressemble à une infiniment petite Amnicole.

Ce genre a été proposé par Sars (1) pour le *Cyclostoma delicatum* de Philippi, que ce malacologiste avait classé parmi les Solaridæ.

Ce Trachysma, découvert primitivement dans l'estomac d'un poisson et que l'on croyait tout à fait marin, a été depuis constaté dans les eaux saumâtres à la Jalde, près de Brême ; de plus, l'anatomiste berlinois M. Schacko a reconnu chez ce Mollusque une radula très voisine de celle des Paludestrines d'eau douce (olim Hydrobia).

THERMHYDROBIA (1878)

Cette appellation générique a été proposée (p. 19 et 48) dans une brochure intitulée : *Matériaux pour servir à l'étude de la faune malacologique terrestre et fluviatile de l'Italie et de ses îles*, pour

(1) Moll. regionis arctica, 1878, p. 212.

deux petites Espèces : la *B. Saviana* des bains de San-Giuliano, près de Pise, et la *B. Aponensis* des thermes d'Abano, près de Padoue.

Or, la *B. Saviana* est une Belgrandia, et la *B. Aponensis* une Paludestrina.

Le malacologiste italien M. Carlo de Stefani, dans une excellente Notice *sur la Belgrandia thermalis de Linné*, publiée (p. 164 et suivantes) dans le Journal de conchyliologie (1881), a fait, avec raison, justice de ce genre hétéroclite (1) ne reposant sur aucuns caractères. Ce n'est pas, en effet, un caractère générique qui puisse être accepté que celui d'un habitat dans des eaux plus ou moins chaudes. A ce compte-là, si le mode d'habitation était considéré comme un signe générique important, il faudrait, pour être logique, établir des Thermancylus, des Thermlimnæa, des Thermelanopsis, etc., ce qui finirait par devenir absurde.

PSEUDAMNICOLA (1878)

C'est encore dans la *même* brochure (p. 48) (2) que cette *même* personne italienne a proposé cette nou-

(1) Dans son *fameux* manuel de conchyliologie (p. 725), M. Fischer dit que ce genre est synonyme du genre Belgrandia. C'est encore une erreur de cet auteur, qui en compte tant à son avoir. Le genre Thermhydrobia est aussi bien synonyme des Belgrandia que des Paludestrina. C'est, en effet, un genre à cheval sur deux genres bien distincts.

(2) Matériaux pour servir à l'ét. f. malac. de l'Italie, etc...

velle appellation pour nos Amnicoles européennes, pour la seule raison qu'étant européennes, elles ne sont pas, comme de juste, américaines.

Ce genre, qui ne repose sur aucuns caractères (l'auteur a oublié d'en signaler), n'a pas sa raison d'être. Les malacologistes, du reste, à l'exception de deux ou trois, par esprit de camaraderie, en ont fait justice.

J'allais oublier de mentionner M. Clessin, qui s'est empressé d'adopter cette appellation. Mais ce malacologiste ne pouvait guère faire autrement. N'est-il pas l'auteur du genre *Stimpsonia*, établi pour les petites Bythinelles américaines uniquement parce qu'elles ne sont pas européennes ?

Ces deux genres sont de la même force et de la même valeur scientifique.

FRAUENFELDIA (1878)

Ce nom a été mis en avant par Clessin dans un article publié dans le n° 8 (nov. et déc. 1878) des *Nachrichsblatt der deutschen malakoz. Gesellschaft*, etc., édité à Francfort.

Cet article, consacré à une critique du genre Belgrandia, renferme un si grand nombre d'idées erronées, que je crois utile de le citer presque en entier.

« M. Bourguignat a encore décrit un autre genre (Belgrandia), qui est, toutefois, plus largement représenté à l'état actuel que celui que nous venons de traiter (1). Ce genre est établi pour de petites coquilles. »

(Suivent quelques phrases diagnostiques.)

Je continue la citation :

« L'auteur de ce genre a décrit 7 Espèces fossiles : les *Belgrandia Joinvillensis, Desnoyersi, Larteliana, archæa, Deshayesiana, Edwardsiana* et *Dumesniliana*, qui toutes ont été découvertes dans des carrières de sable des couches supérieures des anciens bords de la Seine, près de Paris. Les différences qui distinguent ces Espèces sont extrêmement insignifiantes...

(Cette appréciation ne prouve pas en faveur de la justesse du coup d'œil de M. Clessin.)

et il paraîtra surprenant que ce genre soit si riche en Espèces, comparativement aux autres genres qui l'accompagnent, dans une région fluviale assez peu étendue.

(Je ferai remarquer que les Belgrandia n'ont pas vécu dans l'endroit où elles ont été trouvées, mais qu'elles y ont été entraînées par les courants, peut-être de fort loin. Il n'y a donc rien de surprenant à la présence d'un certain nombre d'Espèces dans les sablières des hauts niveaux de la Seine. Ces Espèces, du reste, sont si distinctes les unes des autres, comme on peut s'en assurer en examinant les figures exactes que j'en ai données, qu'il faut ou un manque complet de coup d'œil, ou une profonde mauvaise foi pour n'en pas convenir).

(1) L'auteur veut parler du genre *Lartetia*, sur lequel il a émis les idées les plus fausses.

Je reprends la citation, après avoir passé quelques lignes insignifiantes :

« Depuis, le nombre des Espèces vivantes s'est notablement accru ; ainsi Paladilhe a décrit deux Espèces nouvelles : les *Belg. gibberula*, de Montauban... »

(Cette Espèce ne se trouve pas à Montauban, mais dans les sources de la vallée de l'Hérault.)

« et la *Belg. subovata*, d'Argelès, localités situées toutes deux dans la France méridionale. Dans la collection de Westerlund, j'ai trouvé une troisième Espèce de Coimbre, que j'ai décrite dans le vingt-cinquième volume des Malakoz. Blätter, p. 120, pl. IV, fig. 7-9, sous le nom de *Belgrandia occidentalis*. »

(Je ferai remarquer que cette coquille de Coimbre a été publiée en 1867, sous le nom de *Lusitanica*, par le Dr Paladilhe dans le 2e fascicule (p. 60, pl. III, fig. 1-4 des Nouvelles Miscellanées malacologiques.)

Ce genre compte, en somme, 8 Espèces fossiles et 6 vivantes.

(Pour moi, j'en connais environ une quarantaine.)

Ces dernières sont répandues depuis le Portugal jusqu'en Italie, et elles restent limitées à la moitié occidentale de la France méditerranéenne.

(Ce qui est erroné, attendu qu'il y en a de signalées en Algérie, en Dalmatie et dans la France du Nord.)

En mentionnant le travail de M. Bourguignat dans les Malak. Blätt. (tome XXV, p. 101), j'avais déjà fait la remarque que la

Belgrandia marginata des tufs de la Thuringe ne pouvait pas conserver sa dénomination, attendu que la *Byth. marginata* n'est pas une Belgrandia, mais bien une vraie Bythinia, dont le bord de l'ouverture est seulement épaissi par un bourrelet. C'est pourquoi, à l'endroit cité, j'ai proposé la dénomination de *Germanica* pour l'Espèce en question.

(Cette assertion de Clessin est erronée. La *Paludina marginata* de Michaud est bien réellement une Belgrandia. Michaud dit, dans sa description : *Labro extus marginato;* et, plus bas : *Le bourrelet qui couvre son bord droit est son caractère distinctif.* Par ces mots de : *marginato* et de *bourrelet*, Michaud a voulu désigner la gibbosité qui, en effet, chez cette Espèce, est si rapprochée du bord de l'ouverture qu'elle semble, lorsqu'on n'y regarde pas de bien près, un bourrelet péristomal. Michaud, du reste, qui n'avait pas, à l'époque où il a publié son Complément, l'attention éveillée sur la gibbosité de certaines petites Paludinidées, a cru voir seulement un bourrelet. — Au sujet de la *marginata*, l'abbé Dupuy dit (Moll. France, p. 573, 5e fasc., 1851) : « Péristome continu, droit en dedans et tranchant, tandis qu'il est bordé à l'extérieur d'une gibbosité très apparente, quelquefois même il y en a plusieurs peu éloignées les unes des autres, comme chez l'*Hydrobie bossue.* » — Moquin-Tandon (Moll. France, II, p. 518, 1855) reconnaît un « péristome continu, presque droit au bord columellaire, légèrement évasé au bord extérieur, assez mince, avec un bourrelet ou varice longitudinale extérieure. » — Paladilhe, de son côté (Palud. fr., in : Ann. malac., I, 1870, p. 233), déclare que « le dernier tour est grand, bordé près du péristome par une gibbosité bien circonscrite, bien saillante et très accusée. » — Je puis avancer avec certitude, sûr de n'être contredit par aucun malacologiste intelligent, sauf par ceux de l'ancienne École, que la *marginata* possède réellement un bourrelet péristomal qui n'est autre chose qu'une *gibbosité belgrandienne*. J'ajouterai, de plus, que la *marginata* de Michaud provient de la Fous de Draguignan. Or, cette Fous est une très puissante source qui, à 3 kilomètres sud-sud-est de cette ville, sort de plusieurs excavations ressemblant aux soupiraux d'une caverne. Son débit est considérable, et ses eaux, un tant soit peu saumâtres, récèlent des Limnées, des Physes, des Ancyles et des Paludinidées. Ces Paludinidées sont la *Belgrandia marginata*, les *Bythinella Berenguieri* et *Anteïsensis*; enfin, deux Paludestrines *(Renei* et *Locardi)* de la série des Eupaludestrina du nord de la France. En résumé, la *marginata* de Michaud est une Belgrandia, et l'Espèce que Clessin a vue sous ce nom est une forme mal déterminée).

Je continue la citation :

« Après la séparation des Espèces de Bythinelles (genre *Paludinella*, Frauenfeld) à spire aiguë, il ne reste plus que les Espèces à spire obtuse, dont on peut prendre pour type la *Byth. viridis* de Draparnaud et de Frauenfeld. L'auteur des *Matériaux pour la faune malacologique de l'Italie et de ses îles* a établi le genre Thermhydrobia pour l'*Hydrobia thermalis*, et, de plus, la séparation du groupe de la douteuse *Byth. vitrea*, sous le nom de

Vitrella (mihi); à l'exception de la *Byth. Lacheineri*, ne laisserait dans les Bythinia que des Espèces assez semblables entre elles. Cette Espèce, avec son groupe, semble assez étrangère au milieu des autres et devient fort déplacée

(Je ne suis pas de cet avis.)

dans la longue série de ses congénères restants. Aussi, je l'en sépare pour ce motif, et je propose d'en faire le genre FRAUENFELDIA en l'honneur, etc., etc...

(Eh bien ! franchement, je n'aurais jamais osé établir une pareille coupe générique. M. Clessin, qui, à maintes reprises, a lancé la critique sur mes divisions génériques ou spécifiques, me dépasse, en cette circonstance, de cent coudées).

La *Bythinella Lacheinesi*, pour laquelle l'auteur allemand propose le genre FRAUENFELDIA, est une petite Espèce de Carniole, très bien figurée dans l'ouvrage de Kuster (Palud., pl. XI, fig. 33-34). Cette Espèce ovalaire, obtuse à ses extrémités, fait partie du groupe des *saxatilis*, *alpestris*, *brevis*, *Perrisi*, *Bulimoïdea*, *nana*, etc., qui sont toutes de véritables Bythinelles. Si l'on acceptait une pareille coupe générique, il faudrait alors, pour être logique, en établir une dizaine d'autres pour chacune des séries d'Espèces, ce qui finirait par devenir une plaisanterie.

En somme, ce nom de Frauenfeldia, qui ne repose sur aucun caractère (M. Clessin aurait été, je crois, fort embarrassé pour en trouver un), est un nom à rejeter, de même que cette autre appellation de STIMPSONIA, qu'il présente, quelques lignes plus loin, pour toutes les Bythinelles d'Amérique, parce qu'elles sont américaines.

BYTHIOSPEUM (1882)

Ce genre a été établi par moi (1) pour de très petites Paludinidées (genre *Vitrella* de Clessin, voir ci-dessus, page 30) vivant dans les eaux souterraines de la Bavière, du Wurtemberg, de la Carniole, de la Carynthie, etc.... Ces petits Mollusques, pourvus d'un test vitracé, conico-turriculé, à sommet assez aigu, au dernier tour relativement très développé, etc..., sont des animaux *sans organes visuels*, possédant à l'extrémité des tentacules *des cils tactiles* destinés par leur extrême irritabilité, à suppléer au défaut de la vue.

Les Espèces les plus importantes de ce genre sont les *Bythiospeum Quenstedti* de la caverne de Falkenstein (Wurtemberg), *B. Purkhaueri* des eaux souterraines du Tauber (Bavière), *B. pellucidum* du souterrain de Neckar (Wurtemberg), *B. vitreum* de la nappe d'eau des puits de Munich, *B. turritum* du souterrain des Rednitz (Bavière), *B. Tschapecki* de la caverne de Sauriah (Carynthie), *B. Letourneuxi* de la caverne de la Planina (Carniole), etc.

(1) Bythiospeum, ou Description d'un nouveau genre de Mollusques aveugles. Janv. 1882. Br. in-8.

PAULIA (1882)

Cette coupe générique, proposée par moi en mai 1882 (1), a été établie pour de très petits Mollusques vivant dans les eaux souterraines. Découverts primitivement dans la nappe des puits de la ville d'Avignon, ils ont été constatés depuis dans celle d'un puits de Courtenot, dans le département de l'Aube.

Les Paulies sont de très petites Paludinidées *bythinelloïdes*, possédant des points oculaires pigmentés (2), et pourvues d'un test de forme cylindrique-allongée ou oblongue, à spire à peine atténuée, à sommet obtus et à opercule entièrement *lisse, sans trace de spirale.* Je maintiens ce caractère (3).

On connait trois espèces de ce genre : les *Paulia Berenguieri* et *Locardiana* (Bourg.), du puits de la rue de laVelouterie à Avignon, et la *Paulia Bourguignati* (Locard) (4), d'un puits de Courtenot (Aube).

Ces trois Espèces *Vitrinoïdes*, d'une *nuance opaline à peine cornée*, ne doivent pas être confondues avec cette *Bythinella Bourguignati* de M. Fis-

(1) Paulia, ou Description d'un nouveau groupe générique de Mollusques habitant la nappe d'eau des puits de la ville d'Avignon. Poissy, br. in-8, mai 1882.

(2) A l'origine, on les croyait aveugles.

(3) Bien que ce genre soit à opercule non spirescent, j'ai cru devoir le mentionner ici.

(4) Desc. nouv. Esp. Moll. du g. Paulia, p. 1, 1883.

cher (1), *véritable* Bythinelle à test recouvert de petites incrustations noirâtres très résistantes, à coquille plus ventrue, surtout à l'avant-dernier tour, à croissance spirale plus rapide, à opercule spirescent, etc.

Dans le puits de Courtenot (Aube), vivent deux Paludinidées distinctes, la *Paulia Bourguignati* du savant malacologiste Arnould Locard, et la *Bythinella Bourguignati* de M. Fischer, que cet auteur a pris, naïvement, pour une Paulie, et à laquelle, en me cherchant noise, il a *involontairement* attribué mon nom, ce qui doit lui être bien désagréable; il résulte de là que l'argumentation du Mémoire de M. Fischer tombe dans l'eau, puisque cet auteur s'est évertué à démontrer qu'une Bythinelle était une Bythinelle.

Je remercie M. Georges Berthelin de m'avoir mis à même, en m'apportant une certaine quantité de petites coquilles recueillies par lui dans le puits de Courtenot, de constater, dans cette nappe d'eau, la présence simultanée d'une Paulie et d'une Bythinelle.

AVENIONIA (1882)

C'est, d'après mes travaux sur les genres Bythiospeum et Paulia, adressés par moi à M. Nicolas, ancien conducteur des ponts et chaussées, que cette

(1) Note sur deux Espèces de Bythinella des nappes d'eaux souterraines de la France, in Journ. conch. 1885, p. 42, pl. VII, fig. 6.

personne, pour faire preuve de savoir malacologique, a cru devoir changer le nom de Paulia en celui d'Avenionia.

M. Nicolas, dans son travail (1) publié dans la deuxième livraison (p. 159-168 des Mémoires de l'Académie de Vaucluse, parue *le 15 juillet* 1882, a constaté trois Espèces ; la première, l'*Avenionia Vayssieri*, est ma *Paulia Berenguieri;* la deuxième, l'*Avenionia Fabri*, est la partie supérieure de la *Moitessieria lineolata*, var. *puteana* de Coutagne (2); enfin, la troisième, l'*Avenionia Lacordiana* (pro *Locardiana*), est ma *Paulia Locardiana*.

Ce genre est donc synonyme pour les deux tiers du genre Paulia, et pour l'autre tiers du genre Moitessieria.

En résumé, vingt et un noms génériques ont été proposés depuis 1821 (3) :

(1) Quelques notes sur le genre Avenionia; nouveau Mollusque découvert dans les puits et les eaux souterraines du sous-sol de la ville d'Avignon.

(2) A l'état complet, cette Espèce a 8 tours de spire.

(3) Je n'ai pas mentionné le genre DIGYREIDUM (*Letourneux*, 1879, et in *Locard*, 1882), parce que ces Espèces, au nombre de 6, sont des formes *bythinoïdes*, dont l'opercule offre deux modes d'enroulement, le *mode spiral* au centre, et le *mode concentrique* à la périphérie.

J'ai également laissé de côté les genres PYRGULA (*de Cristofori* et *Jan*, 1832), LARTETIA (*Bourg* , 1869), PALADILHIA (*Bourg.*, 1865), MOITESSIERIA (*Bourg.* 1863), LHOTELLERIA [Locardia *Folin*, 1880] (*Bourg.*, 1877), etc..., parce que ces genres ne me semblent pas rentrer, du moins d'après l'état de mes connaissances, dans la famille des Paludinidées.

J'ai encore, intentionnellement, oublié de parler des nombreux

Hydrobia, 1821.
Leachia, 1826.
Paludestrina, 1839.
Amnicola, 1840.
Paludinella (Pfeiffer), 1841.
Littorinella, 1842.
Paludinella (Rossm.), 1850.
Bythinella, 1851.
Littoridina, 1852.
Microna, 1852.
Belgrandia, 1869.
Peringia, 1874.
Maresia, 1877.
Vitrella, 1877.
Trachysma, 1878.
Thermhydrobia, 1878.
Pseudamnicola, 1878.
Frauenfeldia, 1878.
Bythiospeum, 1882.
Paulia, 1882.
Avenionia, 1882.

Sur ces vingt et une appellations, quatre doivent être supprimées pour cause de double emploi, savoir :

1° Hydrobia de Hartmann, 1821, appellation employée en 1817 pour un genre de Coléoptères ;

2° Leachia de Risso, 1826, — *idem* — pour des Céphalopodes par Lesueur en 1851 ;

genres du lac Baikal (Baikalia, *Martens*, 1876 [Leucosia (pars), Dybrowski, 1875]; — Liobaikalia, *Martens*, 1876 [Ligea (pars), Dybrowski, 1875]; — Trachybaikalia, *Martens*, 1876 [Ligea (alt. pars) Dybrowski, 1875); — Dybrowskia, *Dall*, 1876 [Ligea (pars), Dybrowski, 1875]; —Benedictia, *Dybrowski*, etc., etc...), ainsi que des genres connus, comme ceux des Vivipara (Paludina), Cleopatra, Bythinia, Emmericia, etc..., parce que je n'ai voulu traiter dans ce Mémoire que les *petites* Paludinidées *à opercule spirescent*.

Enfin, j'ai encore laissé de côté les nombreuses coupes génériques (Pomataclis, *Sandberger*, 1874; Prososthenia et Fossarulus, *Neumayr*, 1869; Nematurella, *Sandberger*, 1874; Briartia, *M.-Chalmas*, 1870 et 1884, etc...) établies pour des formes fossiles regardées par plusieurs auteurs comme des Paludinidées, parce que je ne me suis attaché qu'aux *petites* Paludinidées *vivantes*.

3° PALUDINELLA de Rossmässler, 1850, — *idem* — pour un genre de même nom créé par L. Pfeiffer en 1841, genre qui passe lui-même en synonymie des *Assiminia* de Leach, 1816 et 1840 ;

4° VITRELLA de Clessin, 1877, — *idem* — pour un genre établi par Swainson en 1840.

Huit autres doivent passer en synonymie pour cause de défaut d'antériorité :

1° PALUDINELLA de L. Pfeiffer, 1841, au genre *Assiminia* de Leach, 1816 et 1840;

2° LITTORINELLA de Braun, 1842, au genre *Paludestrina* d'Alc. d'Orbigny, 1839 ;

3° LITTORIDINA d'Eydoux et Souleyet, 1852, également au genre *Paludestrina* d'Alc. d'Orbigny, 1839 ;

4° MICRONA de Ziegler, 1852, au genre *Bythinella* de Moquin-Tandon, 1851 ;

5° THERMHYDROBIA, 1878, pour moitié au genre *Belgrandia*, Bourguignat, 1869, et pour l'autre moitié au genre *Paludestrina* déjà cité ;

6° PSEUDAMNICOLA, 1878, au genre *Amnicola* d'Haldemann, 1840 ;

7° FRAUENFELDIA de Clessin, 1878, au genre *Bythinella* de Moquin-Tandon, 1851 ;

8° Avenionia Nicolas (juillet) 1882, pour les deux tiers au genre *Paulia*, Bourguignat, (maï) 1882.

Enfin, de toutes ces appellations génériques, on ne doit conserver que les suivantes :

1° Paludestrina d'Alcide d'Orbigny, 1839, pour les petites Paludinidées marines, saumâtres ou fluviales, à *spire allongée*, *aiguë « obelisken-förmig »*, classées par les auteurs, sous les noms d'Hydrobia, Littorinella, Littoridina, Thermhydrobia (pars) ;

2° Amnicola d'Haldemann, 1840 (Pseudamnicola de quelques auteurs), pour les petites formes *d'eau douce, globuleuses, à spire courte et obtuse* ;

3° Bythinella de Moquin-Tandon, 1851 (Microna, *Ziegler;* Frauenfeldia, *Clessin*), pour toutes les petites Espèces fluviatiles, ovalaires ou oblongues, à sommet plus ou moins obtus, etc. à l'exception de certaines formes qui ont été élevées, avec raison, au rang générique ;

4° Belgrandia, Bourguignat, 1869 (Thermhydrobia, alt. pars), pour de très petites coquilles pourvues de gibbosités ;

5° Peringia de Paladilhe, 1874, pour des séries d'Espèces *paludestrinoïdes* à coquille *conoïde, subanguleuse, à test relativement assez épais*, caractérisées, en outre, par *des tours plats*, une *suture linéaire* et une *ouverture légèrement auriculée à la base columellaire*;

6° Maresia, Bourguignat, 1877, pour des Paludinidées *excessivement fluettes*, *dont l'axe est courbe*, par suite *de la projection en avant* de la base du dernier tour ;

7° Trachysma, de Sars, 1878, pour des Espèces *amnicoliformes* des eaux saumâtres d'une extrême ténuité ;

8° Bythiospeum, Bourguignat, 1882 (Vitrella *Clessin*), pour la série des Espèces *aveugles à test conique et vitracé;*

9° Paulia, Bourguignat, mai 1882 (Avenionia [pars] Nicolas, juillet 1882) pour de petites coquilles *Bythinelloïdes*, à opercule *lisse non spirescent*.

Enfin, à ces noms génériques, il convient d'ajouter celui d'Horatia, que je vais établir pour des Paludinidées presque microscopiques, *amnicoliformes* à test *Lythoghyphoïde*, dont l'opercule est caractérisé *par trois* ou *quatre spirales à croissance régulière*.

HORATIA

J'avais primitivement proposé ce genre sous l'appellation d'*Aristidia*, en l'honneur de notre ami *Aristide*-Horace Letourneux, lorsque j'appris que cette appellation avait déjà été employée pour distinguer un genre de plante. Bien qu'il soit impossible de confondre un genre de Mollusque avec un genre de plante, j'ai préféré, pour rester dans les règles, abandonner ce nom dans le but d'éviter toute équivoque, quoiqu'il ait déjà été mentionné, sans description, il est vrai, dans plusieurs Mémoires malacologiques.

Dans le désir, néanmoins, d'attribuer à notre ami le conseiller le nom de ce genre, je me suis décidé, puisque je ne pouvais me servir des noms de *Tourneuxia* ou de *Letourneuxia*, expressions également employées, de donner à cette nouvelle coupe générique *l'autre prénom* de notre ami le conseiller, celui d'Horace. C'est donc pour ce motif que j'inscris, sous le vocable *Horatia,* ce genre auquel j'avais autrefois appliqué le nom d'Aristidia.

Les Horaties sont de très petites Paludinidées possédant un test *très épais*, relativement *pesant* pour leur petite taille, et, malgré l'épaisseur de leur coquille, restant jusqu'à un certain point transparentes. La coloration, chez toutes les Espèces, varie entre le ton émeraude clair et les teintes glauque-blanchâtre ou corné-verdâtre plus ou moins prononcées ; les tours, en petit nombre de 3 à 4, jamais plus, s'accroissent avec rapidité ; l'ouverture, parfois détachée, comme chez les *Hor. Letourneuxi* et *præclara*, toujours *très oblique*, possède un bord columellaire robuste, *épais*, patulescent et *particulièrement rétrocédent ;* le péristome toujours continu, bien qu'il soit épais, paraît néanmoins aigu par suite de l'amincissement graduel du test au bord marginal ; l'opercule, *corné, translucide, toujours d'un rouge plus ou moins pourpre*, offre 3 à 4 tours à croissance *graduelle*, jamais rapide. Cet opercule, qui ne ressemble en rien à celui des Bythinelles, des Paludestrines, des Amnicoles ou des autres genres, a une certaine ressemblance, par son mode spécial, avec celui des Valvées ; néanmoins, cet opercule se distingue de celui des Valvées par son nucléus central moins médian, par ses tours moins nombreux, et par son développement spirescent plus rapide.

En somme, je ne puis mieux définir les Horaties qu'en disant qu'au point de vue de la forme elles ressemblent à de très petites Amnicoles ; par la contexture du test, à des Lithoglyphus ; par la coloration, à un grand nombre de Bythinelles ; qu'enfin elles ont, par l'opercule, une tendance à se rapprocher des Valvées.

Je connais 10 formes d'Horaties. Elles paraissent spéciales à la Dalmatie, à l'Albanie septentrionale et à une partie de la Bosnie. Je ne doute point qu'il doit en exister également dans l'Herzégowine.

En Dalmatie, dans les *sorgente* qu'elles habitent, les Horaties semblent y être d'une grande abondance, car malgré leur extrême petitesse, le conseiller Letourneux en a recueilli, en fort peu de temps, au moins un millier d'échantillons.

HORATIA KLECAKIANA

Testa minutissima, profunde umbilicata, supra parum convexa, subtus convexiore, crassula, relative ponderosa, parum nitente, corneo-viridescente, lævigata aut sub validissimo lente persubtiliter striatula; spira vix convexa; apice obtuso, valido, lævi ac nitido; — anfractibus 3-3 1/2 supra convexiusculis, velociter crescentibus, sutura impressa separatis; — ultimo relative magno, ad aperturam amplo, rotundato, superne prope insertionem recto ac circa suturam leviter subconcaviusculo; — apertura obliqua, sphærica, intus smaragdina ac nitidissima; peristomate continuo, acuto, intus incrassato ac quasi sublabiato, ad marginem inferiorem patulescente, ad columellam robusto, crasso, reflexo; — operculo rubro, spirescente (anfr. 3 1/2, lente crescentes), in centro concaviusculo; — alt. 1/2; diam. max. 1 millim.

Cette Espèce, que je dédie au malacologiste Blasio Klécak, dans le dessein de rappeler le nom de cet excellent homme, provient d'une *sorgente* près de Ribaric, dans la vallée de la Cettina.

HORATIA OBTUSA

Testa punctiforme perforata, supra parum convexa, ad apicem subplanata, crassula, non nitente, corneo-viridula quasi subinquinata ac passim relative sat striatula ; — spira non convexa, ad apicem perobtusum quasi obtrita ; — anfractibus 3 1/2 convexis, rapide crescentibus ac sutura profunda separatis ; — ultimo magno, rapide (præsertim ad aperturam) descendente, rotundato ; — apertura perobliqua, sphærica, intus micante ; peristomate continuo, undique leviter patulescente, acuto, intus incrassatulo, ad columellam crassiore ac reflexiore ; — operculo rubro-atro, spirescente (anfr. 4), in centro fere plano ; — alt. 1 1/2 ; diam. 2 millim.

Cette forme, remarquable par son sommet aplati, par conséquent des plus obtus, par sa perforation ponctiforme, par son dernier tour très descendant, par son ouverture très rétrocédente, etc., vit dans la *sorgente* de la Cettina.

HORATIA FONTINALIS

Testa anguste-perforata, subventrosa, nihilominus supra depressula, crassa, relative ponderosa, parum nitente, lævi, uniformiter corneo-viridula ; — spira bene convexa, superne rotundata ; apice minuto, lævissimo ac micante ; — anfractibus 4 rotundatis, rapide crescentibus, sutura impressa separatis ; — ultimo maximo, rotundato, superne regulariter lenteque descendente ; — apertura perobliqua, rotundata, superne angulata, intus smaragdinula ; — peristomate continuo, undique patulescente, acuto, intus incrassato, ad marginem columellarem crassiore ac magis reflexo ; — operculo purpureo, nitido-fere plano ac lente spirescente ; — alt. 1 1/4 ; diam. 1 1/2 millim.

Cette Horatie, très distincte des deux précédentes par sa forme plus globuleuse, par sa spire bien convexe, vit dans la fontaine et le ruisseau du moulin à Ervac, dans la « sorgente » de la Cettina, ainsi que dans la source du moulin de Durazzo, en Albanie.

HORATIA ALBANICA

Testa angustissime perforata, globosa, crassa, nitida, lævigata, griseo-viridescente ; — spira subconoidea, ad verticem obtusa ; apice exiguo, lævi ac micante ; — anfractibus 4 convexis, rapide crescentibus, sutura mediocriter impressa separatis ; — penultimo tumido ; — ultimo magno, rotundato, superne valide descendente, ad aperturam quasi subtus deflexo ; — apertura perobliqua, in directionem verticalem subrotundato-ovata, superne angulata, intus nitide glauco-albidula ; peristomate continuo, acuto, inferne patulo, superne et externe recto, intus incrassato, ad marginem columellarem crasso, robusto ac reflexo ; — operculo rubro-nigrescente, fere complanato ; — alt. et diam. æqualiter 2 millim.

Cette Espèce, remarquable par la ventrosité de son avant-dernier tour et par la direction descendante de son dernier, qui semble comme infléchi en dessous, a été recueillie dans une source près de Durazzo (Albanie) et dans la « sorgente » de la Cettina (Dalmatie).

HORATIA SERVAINI

Aristidia Servaini, *Bourguignat,* in *Servain*, Exc. malac. Bosnie, etc. In Ann. malac., I, p. 379 (sans description), 1884.

Testa aperte perforata, supra subdepressa, crassula, non nitente, lævi, vix glauca, potius cornea ; — spira breviter convexa ; apice minutissimo ac nitidissimo ; — anfractibus 4 convexis, celeriter crescentibus, sutura profunda separatis ; — ultimo rotundato, superne ad insertionem lente descendente ; — apertura perobliqua, ovoidea, superne angulata ; peristomate continuo, recto, acuto, intus parum incrassatulo, ad marginem columellarem leviter crassiore et reflexo ; — operculo corneo-rubello, nitido, concaviusculo ; — alt. 1 ; diam. 1 1/2 millim.

Sources de la Bosna, près de Sérajewo (Bosnie).

Cette Espèce, que je me fais un plaisir de dédier à mon ami le Dr G. Servain, ne peut être rapprochée que de l'*Hor. albanica*, dont elle se distingue par sa taille moindre, par son test moins épais, par sa forme plus délicate, par sa coloration, par sa perforation plus ouverte, surtout par son ouverture ovoïde, plus anguleuse à sa partie supérieure.

HORATIA PALUSTRIS

Testa minutissima, punctiforme perforata aut potius subrimato-perforata, depresso-subglobosa, crassa, lævigata, parum nitida, corneo-glauca ; — spira convexa, relative subconoidea ; apice perexiguo, nitido ; — anfractibus 3 1/2-4 convexis, rapide crescentibus, sutura impressa separatis ; — ultimo magno, rotundato, superne lente subdescendente ; — apertura perobliqua, sphærica ; peristomate continuo, recto, acuto, intus incrassato, ad marginem columellarem robusto, crassiore ac patulo ; — operculo rubro, lente spirescente, in centro concaviusculo ; — alt. et diam. æqualiter 1 1/2 millim.

Sur les plantes aquatiques des marais, entre Verlika et Ribaric, et dans une fontaine près d'Ervac (Dalmatie).

HORATIA VERLIKANA

Testa minutissime perforata, subglobosa, crassula, parum nitida, lævi, glauca aut viridescente ; — spira supra obtuse rotundata ; apice exiguo ; — anfractibus 3 convexis, velociter crescentibus, sutura profunda separatis ; — penultimo relative ventroso ; — ultimo rotundato, sat magno, prope aperturam rapide descendente ; — apertura perobliqua, sphærica ; peristomate continuo, acuto, intus incrassato, ad marginem columellarem crassiore ac patulo ; — operculo rubro, plano ac normaliter spirescente ; — alt. et diam. æque 1 millim.

Marais entre Verlika et Ribaric (Dalmatie).

HORATIA OBLIQUA

Testa aperte perforata, globulosa, crassa, non nitente, lævi, uniformiter viridula ; — spira obtusa, sat convexo-rotundata ; apice valido, nitido ; — anfractibus 4 rotundatis, sat turgidis, rapide crescentibus, sutura inter superiores profunda, in ultimo impressa separatis ; — ultimo magno, rotundato, prope aperturam leviter descendente ; — apertura perobliqua, sphærica, nihilominus superne obtuse angulata, intus albescente ; peristomate continuo, recto, acuto, intus incrassato, ad marginem columellarem robusto crassiore ac patulo ; — operculo purpureo ; — alt. et diam. æque 2 millim.

Cette Espèce, remarquable par sa très grande obliquité aperturale, a été recueillie dans la « sorgente » de la Cettina et dans une fontaine près d'Ervac (Dalmatie).

HORATIA PRÆCLARA

Testa aperte perforata (perforatio profunda), globosa, ad penultimum ventrosa, crassa, vix nitente, lævi, corneo-viridescente ; — spira sat ponderosa, obtuse conoidea ; apice minuto ; — anfractibus 4 convexis, rapide crescentibus, sutura impressa separatis ; — penultimo ventroso ; — ultimo rotundato, ad aperturam leviter soluto, superne præsertim ad insertionem descendente ; — apertura obliqua, fere sphærica, superne obscure angulata, intus glauca ; — peristomate soluto, continuo, acuto, recto, intus incrassatulo, ad marginem columellarem crassiore ac patulo ; margine externo antrorsum leviter arcuato ; — operculo purpurascente, fere plano ; — alt. et diam. æque 2-2 1/2 millim.

Cette Horatie, remarquable par son avant-dernier tour faisant ventre par suite de la grande déflexion du dernier, non moins que par son ouverture détachée, vit dans la fontaine du moulin d'Ervac (Dalmatie).

HORATIA LETOURNEUXI

Testa aperte perforata (perforatio profunda, ad ultimum dilatata), subglobosa, crassa, non nitente, lævi, viridescente ; — spira convexo-obtusa ; apice minuto ; — anfractibus 4 convexis, rapide crescentibus, sutura valde impressa separatis ; — ultimo rotundato, relative valde soluto, superne ad insertionem descendente ; — apertura soluta, obliqua, sphærica, nihilominus superne subangulata, intus glauca ; peristomate continuo, recto, acuto, intus incrassato ac undique fere æqualiter patulescente ; — operculo rubro, concavo ; — alt. 1 1/2-2 ; diam. 2-2 1/2 millim.

Cette Espèce, qui vit dans la même localité que la précédente, se distingue de cette Horatie : par sa forme moins globuleuse dans le sens de la hauteur ; par sa perforation évasée au dernier tour ; par son ouverture plus exactement sphérique ; par son dernier tour plus détaché ; par son péristome patulescent dans tout son contour ; par son bord externe non arqué, etc.

Je me fais un plaisir d'attribuer à cette Horatie le nom de notre ami le conseiller Letourneux, à qui l'on doit la découverte de ce genre intéressant (1).

(1) J'ai cherché, parmi les nombreuses petites Paludinidées ou Valvatidées de ma Collection, si je ne découvrirais pas des Horatia parmi elles ; je n'ai pu en trouver : toutes appartenaient bien aux genres où je les avais classées. L'*Amnicola valvatidea*, de Kabylie (Letourn. Exc. malac. Kab., in Ann. malac. 1, p. 319, 1870), malgré son extérieur un peu similaire des Horaties, est bien une Amnicole, ainsi que l'*Hydrobia valvatæformis* des sources de la Bosna, près de Sérajewo (Mollendorff, Fann. Bosn., p. 59. 1873).

PARIS.— Imprimerie de Mme Ve TREMBLAY, rue de l'Eperon, 5.

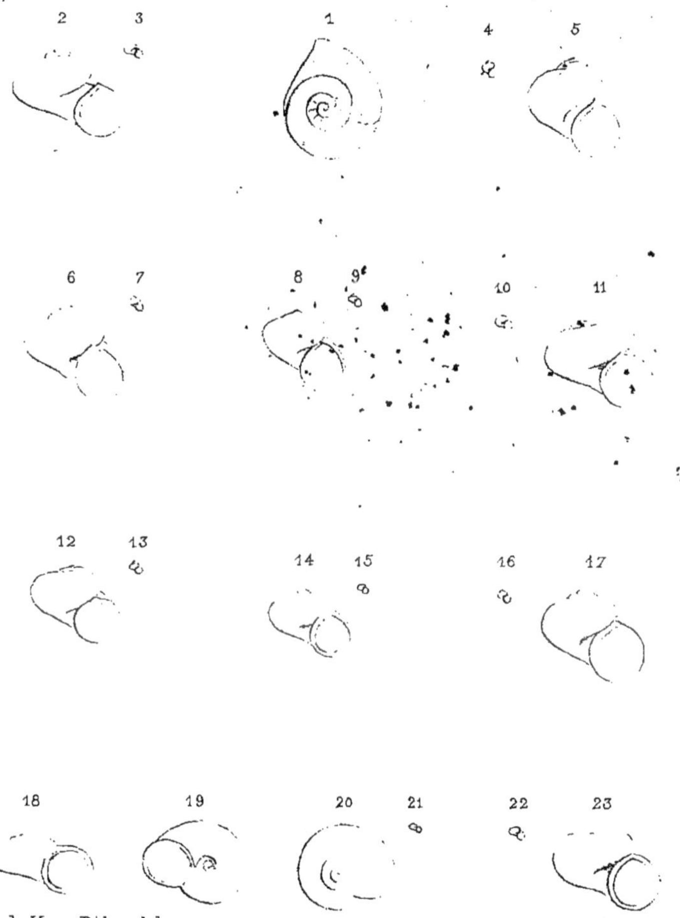

A. de Vaux-Bidon, del.

Imp. Becquet fr. Paris.

1. Horatia (opercule); 2_3. Horatia Letourneuxi; 4_5. Hor. præclara; 6_7. Hor. albanica; 8_9. Hor. servaini; 10_11. Hor. obliqua; 12_13. Hor. verlikana; 14_15. Hor. palustris; 16_17. Hor. fontinalis; 18_21. Hor. klecakiana; 22_23. Hor obtusa.

www.ingramcontent.com/pod-product-compliance
Ingram Content Group UK Ltd.
Pitfield, Milton Keynes, MK11 3LW, UK
UKHW020350250726
13967UKWH00005B/2201

9 782013 084208